生物技术科普绘本
生物制造卷

奇妙的生物制造世界

新叶的神奇之旅Ⅱ

中国生物技术发展中心 **编著**

科学顾问 谭天伟

科学普及出版社
·北 京·

人物介绍

小皮

学　名：乳腺上皮细胞

简　介：乳腺上皮细胞可以从血液中摄取糖、脂肪和蛋白质等营养物质并生成乳汁，然后将其搬运到腺泡腔内储存。

甜甜

学　名：糖

简　介：糖是由碳、氢、氧三种元素构成的碳水化合物，主要通过榨取甜菜、甘蔗等植物来获取。

胖胖

学　名：脂肪

简　介：负责储存胆固醇等脂质成分。它们是脂肪组织的主要成分，主要位于人体皮下和内脏组织。

白战士/黑战士

学　名：蛋白质

简　介：蛋白质是组成人体一切细胞、组织的重要成分。一般来说，蛋白质约占人体全部质量的18%，一切生命现象都离不开它。

曲霉士兵

学　名：黄曲霉

简　介：一种常见的腐生真菌，多见于发霉的粮食、粮食制品及其他霉腐的有机物上，可分泌一种有害的物质——黄曲霉素。

小曲

学　名：曲酸

简　介：一种天然产物，也可以通过人工合成，具有一定的抗菌性，对皮肤没有刺激，因此可以用作食品和化妆品的防腐剂。

酵母矿工

学　名：酵母菌

简　介：一种球形或者椭圆形的微生物。在缺乏氧气时，酵母菌可以将糖类转化成为二氧化碳和乙醇（俗称“酒精”）来获取能量。

挖掘工

学　名：淀粉酶

简　介：可以将大分子的淀粉酶水解，变成小分子的葡萄糖。

学　名：乳酸菌

简　介：乳酸菌在自然界的分布极为广泛，具有丰富的物种多样性，在生物医学、农业、工业上都有巨大的研究、应用价值。

果果

学　名：果汁

简　介：存在于植物细胞的细胞质和液泡中，可通过对水果进行压榨或者使用果胶酶溶解细胞壁来获取。

安安

学　名：氨基酸

简　介：氨基酸是小分子，也是构成蛋白质的基本单位。虽然它有很多种类，但是许多氨基酸人类自身无法合成，需要依靠进食来补充。

牛牛

学　名：牛肌肉干细胞

简　介：牛肌肉干细胞是从牛身上提取出来的，它可发育分化为肌肉细胞，是研究动物基蛋白肉的绝佳材料。

蘑菇小兵

学　名：蘑菇菌丝体

简　介：蘑菇菌丝体指的是菌丝集合在一起构成一定的宏观结构。菌丝体是可以通过肉眼看见的，不同蘑菇的菌丝体具有不同的营养价值。

“霉头脑”

学　名：霉菌

简　介：霉菌繁殖迅速，常造成食品、用具大量霉腐变质，但许多有益种类已被广泛应用，是人类在实践活动中最早认识和利用的一类微生物。

“苯家军”

学　名：苯乳酸
简　介：一种天然产物，也可以人工合成，具有抑菌效果，可以抑制腐败菌、致病菌，尤其是真菌。

核小怪

学　名：核酸
简　介：核酸是生命的基本物质之一，广泛存在于所有动植物细胞、微生物体内，在生长、遗传、变异等一系列重大生命现象中起决定性的作用。

甘娃娃

学　名：甘氨酸

简　介：甘氨酸是最简单的一种氨基酸，常温下为白色固体，在食品中可用作防腐剂、调味剂和抗氧化剂。

蛋多多

学　名：乙醇梭菌

简　介：乙醇梭菌是一种在没有氧气的情况下，可以利用一氧化碳产生能量的微生物，可用于人工合成蛋白质。

酒圆圆

学　名：酿酒酵母

简　介：又称“面包酵母”，是与人类联系最广泛的一种酵母。在生活中，它主要用于制作面包、馒头等食品及酿酒。

目录

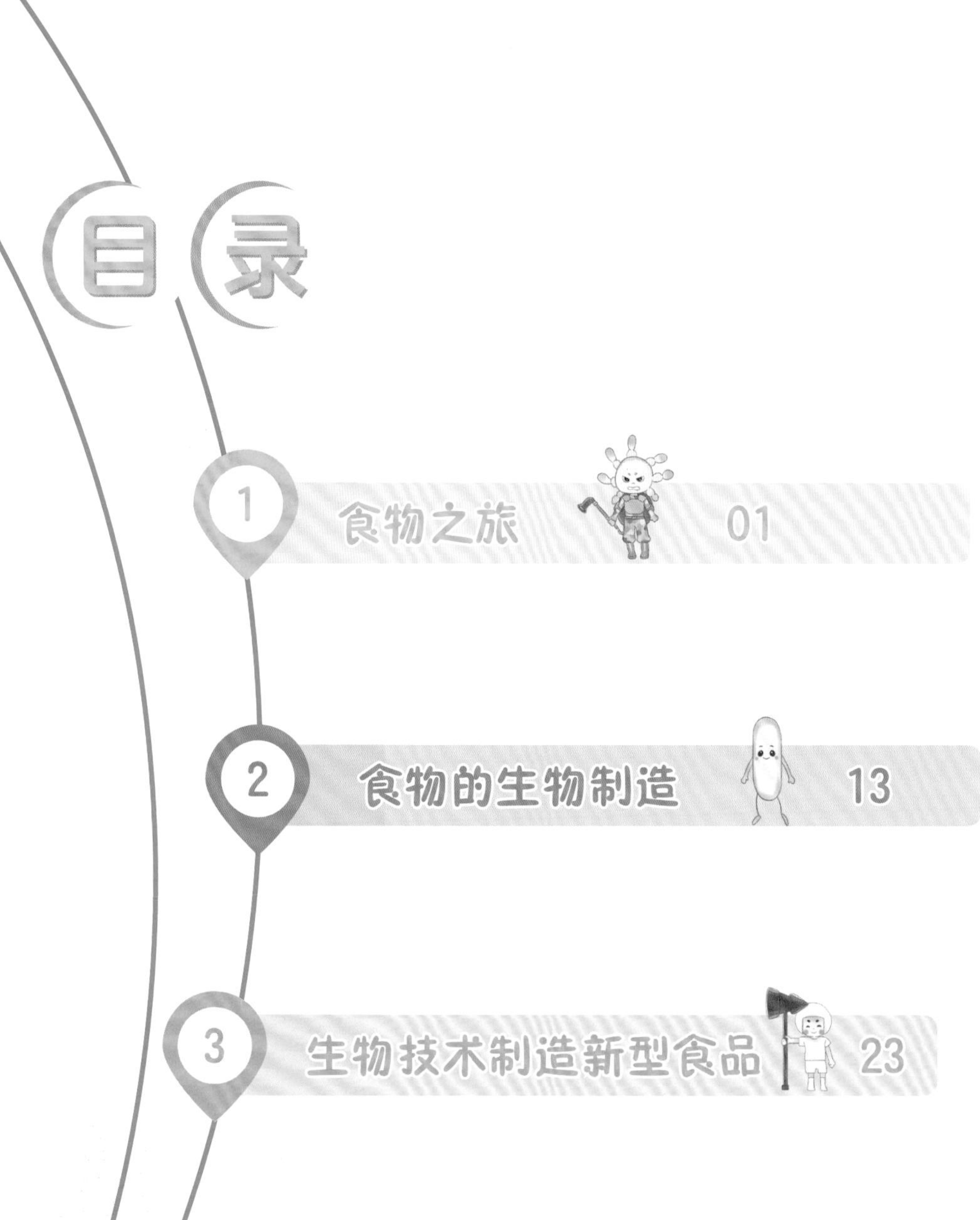

1. 食物之旅

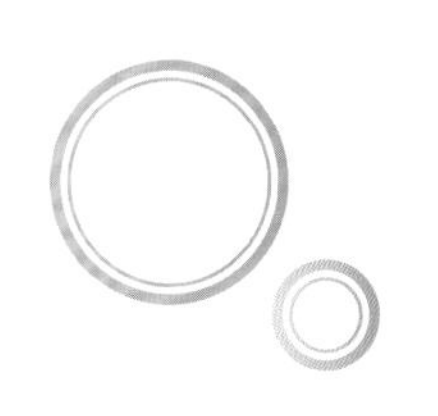

文/王　丹　肖开兴　江会锋
图/赵　洋　胡晓露　纪小红

植物成熟的秘密

炎热的夏天，谭爷爷和新叶来到开心农场。

新叶词典

气孔：植物叶片上微小的开孔，是植物叶片表面所特有的结构。

谭爷爷：新叶你看，丰收的季节快到了，有些小麦已经变成黄色了。

新　叶：谭爷爷，您能告诉我小麦成熟的秘密吗?

谭爷爷：当然可以！小麦的根部会不断从泥土里吸收水分，它的叶片还会“呼吸”，从而获得成长所需的营养。我们去看看微观世界的小麦叶片。

新　叶：哇，我看到了光和二氧化碳钻进了叶片气孔，氧气又从叶片气孔里钻了出来，就像是叶片在呼吸一样。

谭爷爷：是的，太阳的照射和叶片的“呼吸”就是植物成熟最大的秘密！

植物根部正在吸收水分
光
二氧化碳
氧气
光和二氧化碳进入叶片，氧气从叶片气孔里出来

忙碌的叶绿体加工厂

谭爷爷和新叶站在小麦的叶子上，二氧化碳和光仍然源源不断地向叶片里涌去。

新　叶：谭爷爷，我看到了好多绿色的小箱子，那是什么呀？

谭爷爷：新叶，我们现在在叶片的内部世界，那些绿色的小箱子叫作叶绿体。你看，光和二氧化碳钻进了叶绿体里，它们在叶绿体里发生了复杂的反应——光合作用。植物通过光合作用可以把空气中的二氧化碳变成有机物，积累在自己体内，同时产生氧气释放到空气中。

新　叶：哈哈，原来植物是在这里产生氧气的啊！

二氧化碳
叶绿体
叶绿体
光
氧气
叶绿体
我终于知道光是怎么变成氧气的了！

细胞上的牛奶搬运工

谭爷爷和新叶来到了一个牧场，牛羊正在悠闲地吃草。

新　叶：谭爷爷，小牛正在喝奶呢！您知道奶牛妈妈的乳汁是怎么产生的吗？

谭爷爷：乳汁里含有各种营养，是在一个叫作乳腺的地方产生的，我们一起去微观世界看看吧！

新　叶：哇！这里有好多粉红色的通道，胖胖和甜甜还有白战士在小皮的

指引下都进入了通道。

谭爷爷：胖胖和甜甜还有白战士都是营养物质，它们的学名分别是脂肪、糖和蛋白质，小皮是乳腺上皮细胞，在它的指引下，营养物质就会从通道进入乳腺，在那里经过复杂的化学反应，最后变成甘甜的乳汁。当小牛吮吸时，牛奶就流出来了！

黄曲霉大军

了解了牛奶的知识后，谭爷爷带新叶来到了储存食品的仓库。

新叶词典

黄曲霉素：它们存在于土壤、动植物、各种坚果中，特别容易污染花生、玉米、稻米、大豆、小麦等粮油产品，毒性大、对人类健康的危害极为突出。

新　叶：咦？好难闻的气味啊！谭爷爷，您快看，这里有几包袋子破损的大米变黄了。

谭爷爷：新叶，这是大米发霉了。大米长期堆放在仓库，它的表面就容易出现黄曲霉。黄曲霉是一种很危险的真菌，若是误食发霉的食物，严重时甚至会导致人体患癌或者死亡。

新　叶：哇！太可怕了，我得离它远点！

谭爷爷：如果发现大米发黄还有难闻的气味，就一定不能再吃了。我们一起去大米的表面看看发生了什么吧！

谭爷爷您看，那边有好多穿着奇怪衣服的士兵。
!
曲霉士兵
（黄曲霉）

快！抓住他们！
这就是黄曲霉大军，它们喷出来的是黄曲霉素。赶紧跑，我们不是它们的对手。

曲酸屏障

谭爷爷带领新叶逃出黄曲霉大军的追赶，回到了仓库。

新　叶：谭爷爷，黄曲霉大军太可怕了，还好我们逃出来了。有没有办法可以阻止黄曲霉大军的进攻啊？

谭爷爷：有的，我们可以通过生物的方法来阻止黄曲霉素的扩散。找一找仓库里有没有曲酸溶液，有了它，我们就能战胜黄曲霉大军！

新　叶：谭爷爷，是这个吗？

谭爷爷：对，就是这个，把它喷洒在还没有发霉的大米上，就能在大米上形成一层保护屏障，黄曲霉大军就没办法再侵蚀我们的大米了。

新叶词典
曲酸的用途：曲酸可用作食品添加剂，起到保鲜、防腐、抗氧化的作用。实验证明，食品中添加曲酸不会影响其口味、香味及质感。
小曲（曲酸）

科普小讲堂

抑菌剂虽然可能无法杀死细菌，但是可以抑制细菌的生长，防止细菌滋生过多从而危害人们的健康。生物抑菌剂越来越受到人们的关注，市场上也出现了很多抑菌效果明显，并且对人畜无害、绿色环保、方便实用的生物抑菌剂，如聚赖氨酸溶液、曲酸溶液、壳聚糖溶液等。

2. 食物的生物制造

文/江会锋　肖开兴　王　丹
图/赵　洋　胡晓露　纪小红

探险孔状洞穴

面点

一天早上，谭爷爷和新叶来到超市，他们走到了熟食区。

新　叶：谭爷爷您看，面点师傅正在做馒头呢！咦？他往面粉里撒的是什么？

谭爷爷：这是撒了一点酵母粉。正是因为有它，我们才能吃到这么松软的馒头。

新　叶：谭爷爷，酵母粉能起到什么作用呢？

谭爷爷：在微观世界里，酵母粉化身酵母矿工，和挖掘工（淀粉酶）默契配合，能在面团里挖出一个个洞穴。酵母矿工搬走挖掘工挖出来的淀粉后，就会拿出二氧化碳去固定刚刚挖好的洞穴。这些洞穴就是我们看到的馒头里的小孔，经过它们的辛勤劳动，我们才能吃到口感松软的馒头啊！

你看，酵母菌和淀粉酶
正在挖掘更多的洞穴。
酵母矿工
（酵母菌）
挖掘工
（淀粉酶）

大铁罐里的酸奶

新叶词典

乳糖不耐受：乳糖在人体中不能被直接吸收，需要在乳糖酶的作用下被分解后才能被吸收，缺少乳糖分解酶的人群在摄入乳糖后，未被消化的乳糖直接进入大肠，刺激大肠蠕动加快，造成腹泻的症状，称乳糖不耐受。

离开超市后，谭爷爷带新叶来到酸奶加工车间参观，工人正在忙碌着。

新　叶：谭爷爷，这个大罐子是用来做什么的？

谭爷爷：它是用来给鲜牛奶灭菌的。将鲜牛奶灭菌后装进大桶里，经过里面乳酸菌的作用，把牛奶里的乳糖转化成更小的乳酸，就能变成风味独特的酸奶了。

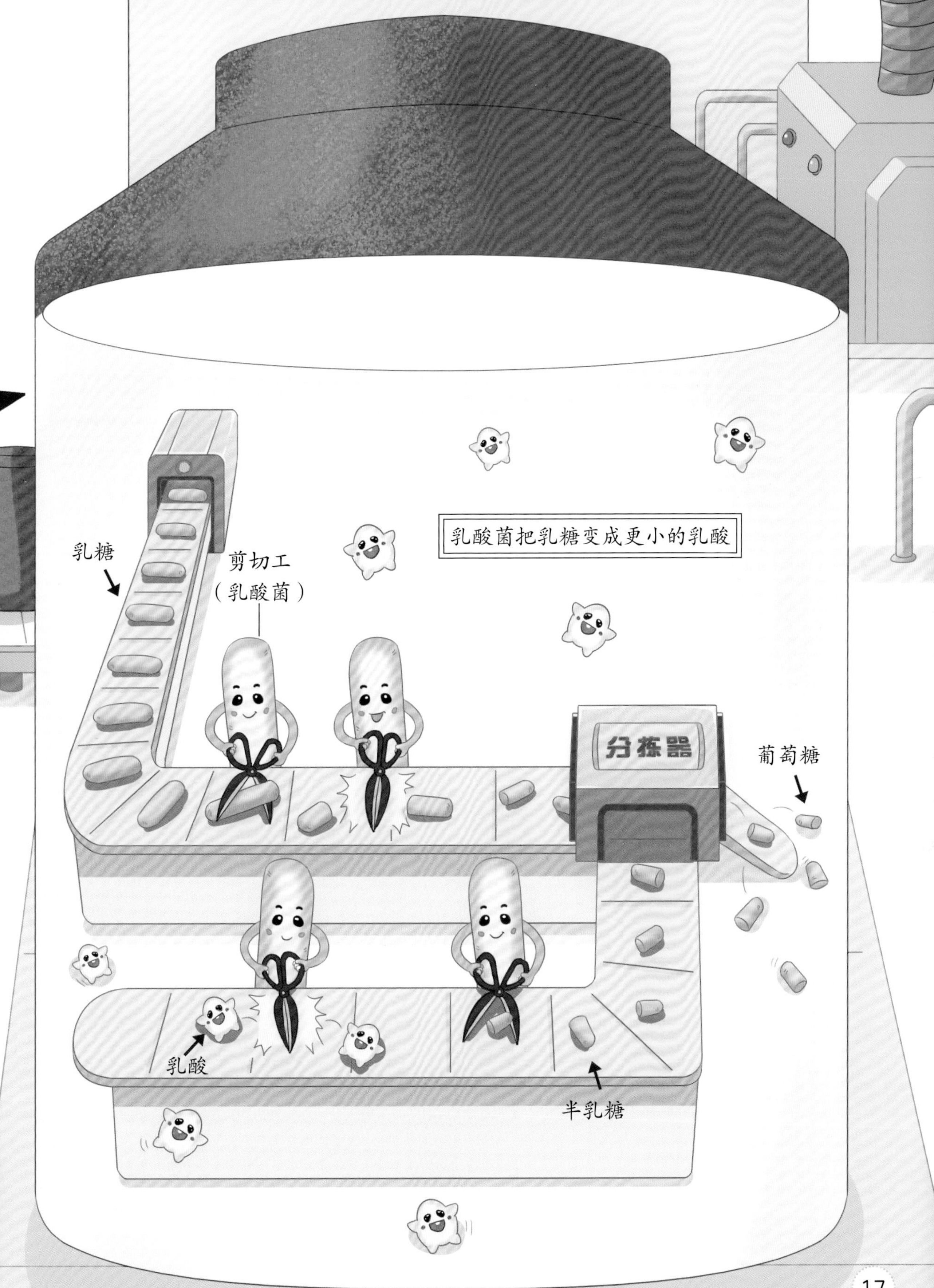
乳酸菌把乳糖变成更小的乳酸
乳糖
剪切工
（乳酸菌）
分拣器
葡萄糖
乳酸
半乳糖

白色的森林

谭爷爷和新叶离开酸奶加工车间，又来到制作腐乳的车间，工人正在将做好的豆腐切成小块。

新　叶：谭爷爷，叔叔正在朝豆腐上撒着什么呢，我知道了，是酵母粉对吗？

谭爷爷：哈哈，不是的，那叫作毛霉曲粉，那可是将豆腐做成腐乳的秘密武器。我们去微观世界里看看吧！

新　叶：这片“白色的森林”就是毛霉曲粉吗？

谭爷爷：是的，在微观世界里，毛霉曲粉会逐渐在豆腐表面形成一层厚厚的白色的像棉花一样的物质，它可以把豆腐里的蛋白质变成更小的氨基酸，于是口感更细腻的腐乳就形成了！

毛霉菌丝把蛋白质分解成氨基酸，因此周围“土壤”的颜色发生了变化
正是因为有毛霉菌丝的存在，制作好的霉豆腐才能与调料更好地混合，最终变成我们爱吃的腐乳。
胡椒
辣椒粉

被困住的果汁

新叶和谭爷爷来到果汁加工车间，大量的橙子正在被筛选、清洗。

新　叶：谭爷爷，生产果汁原来也要经过挑选、清洗、榨汁这么多步骤，那为什么工厂里生产的果汁比自己在家里用榨汁机做的果汁要更清澈呢？

谭爷爷：新叶，果汁的生产比你知道的过程还要复杂一些，榨完汁还要经过杀菌、过滤等程序。在过滤的时候，工人将果胶酶加入果汁，它在果汁中会发挥很大的作用。

新　叶：果胶酶是什么？

谭爷爷：这是一种微生物发酵产生的天然物质，主要用于果蔬汁饮料及果酒的榨汁及澄清，对分解果胶具有良好的作用，能帮助我们解救被困住的果汁。新叶，让我们一起去微观世界看看吧！

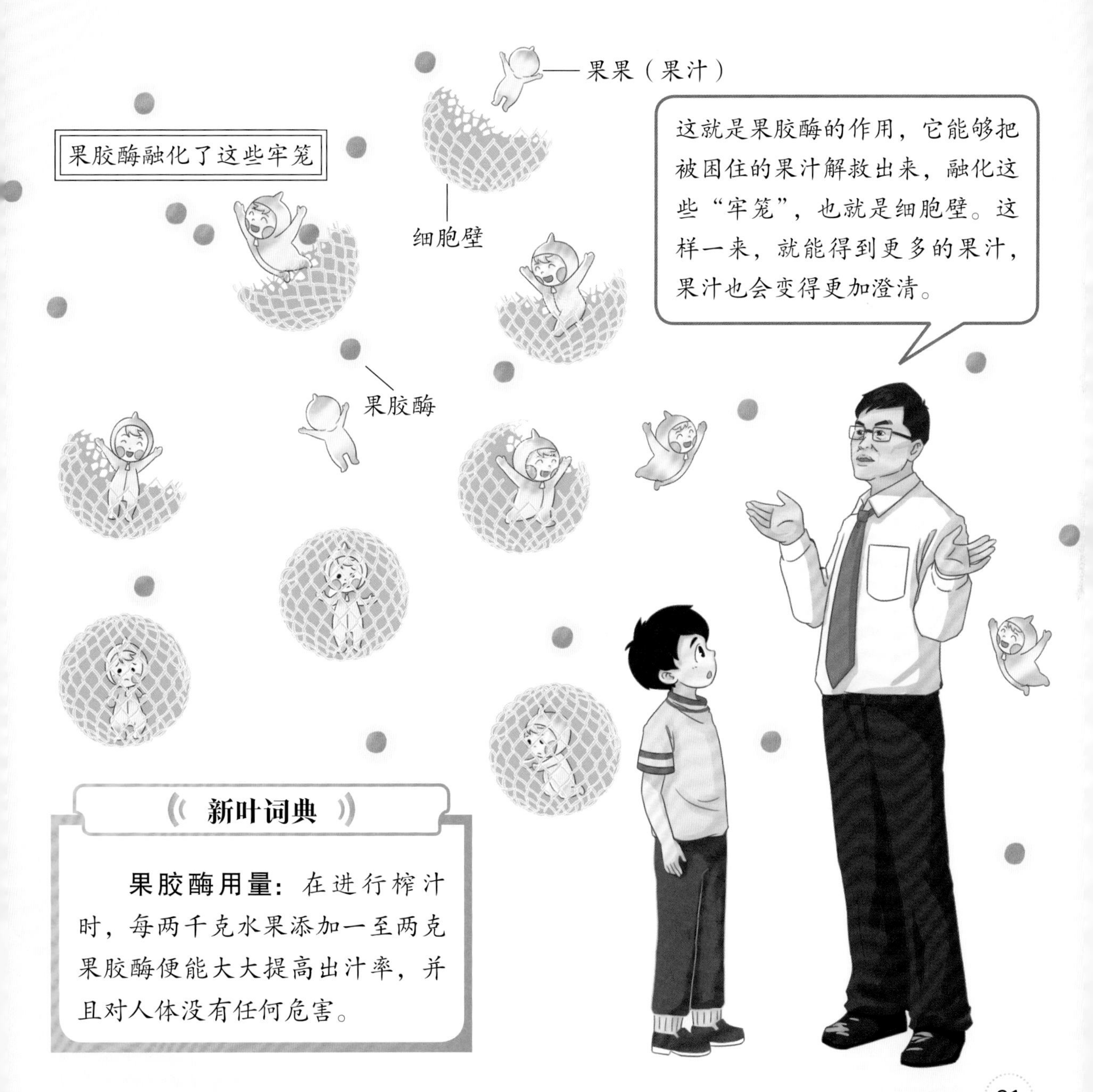

新叶词典

果胶酶用量：在进行榨汁时，每两千克水果添加一至两克果胶酶便能大大提高出汁率，并且对人体没有任何危害。

科普小讲堂

微生物发酵技术在食品加工行业中发挥着巨大的作用。食品在发酵过程中会形成一个微生物循环系统，在微生物的繁殖转化下，食品的结构被改变。比如，酵母菌可以协助淀粉酶将淀粉转化为二氧化碳或者酒精等，乳酸菌可以利用牛奶中的糖生成乳酸，毛霉菌可以协助将豆腐里的蛋白质变成小分子物质。这样一来，食品经过进一步的加工处理，就可以得到深受人们喜爱的各种风味的发酵食品。

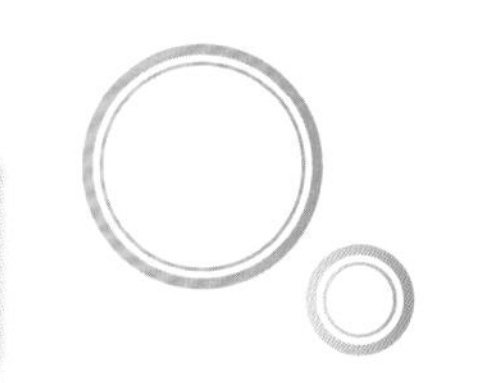

3. 生物技术制造新型食品

文/肖开兴　张潇潇　王　丹
图/赵　洋　胡晓露　刘国胜

博览会里的新发现

谭爷爷和新叶来到新型食品博览会，这里有新叶从来没有见过的新型食品。

新　叶：谭爷爷，原来还有这么多新型食品啊！

谭爷爷：是啊！很多新型食品在制作方法上都已经发生了变化，比如这些，就是利用牛肌肉干细胞制作而成的动物基蛋白肉。

新　叶：谭爷爷，快给我讲一讲吧！

谭爷爷：别着急，我分步骤给你讲。首先科学家从动物（比如牛）身上提取肌肉干细胞，再把它们放在特制的营养液里进行培养。牛肌肉干细胞会吸取营养液里的氨基酸、油脂和糖等营养物质，再进一步生长。

不断变化的细胞

随着时间的流逝，漂浮的牛肌肉干细胞发生了一些变化。

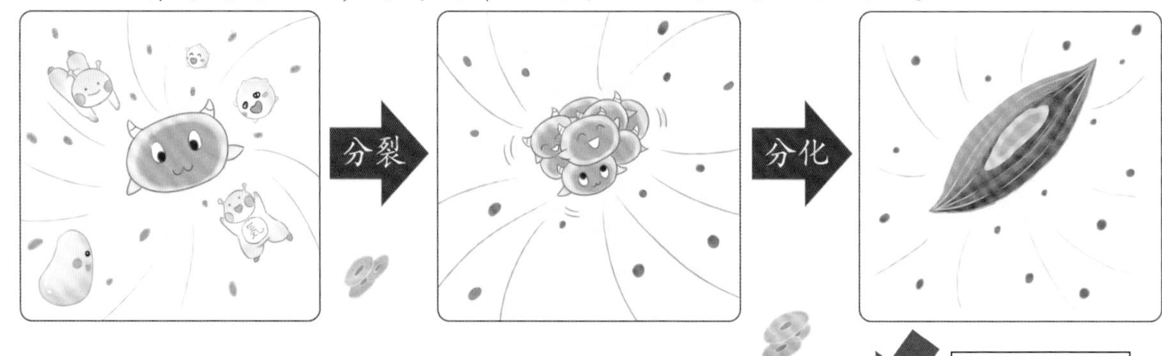

新叶词典

分化：是指一种细胞从其最初形态发育为更加特定功能和形状的细胞的过程。

新　叶：谭爷爷，牛肌肉干细胞开始变化了。

谭爷爷：仔细看，培养液里的牛肌肉干细胞会先分裂，随着时间推移会根据情况分化为特定形状的细胞，再形成组织。然后，再把这些肌肉纤维组织收集起来，就能形成我们看到的人造肉了。

新　叶：这种人造肉和我们平常吃的肉有什么区别吗？

谭爷爷：区别不大。在最后加工的时候，我们可以将它们挤压成各种形状，甚至能通过调味将它的口感变得与我们平常吃的肉相似。

植物变成了肉制品

谭爷爷和新叶继续向前走，越来越多的新型食品呈现在眼前。

新　叶：谭爷爷，既然有动物基蛋白肉，那是不是也有植物基蛋白肉呢？

谭爷爷：有！你看前面就有植物基蛋白肉展示的窗口。为了满足人们不同的食物需求，科学家还利用植物材料制作蛋白肉，与动物基蛋白肉制作方法不同，它的核心技术是在植物蛋白高水分时进行挤压来制备植物基肉制品。

新　叶：是这样啊，谭爷爷您能给我讲一讲具体过程吗？

谭爷爷：没问题。在制作的时候，首先会选取富含植物蛋白的作物产品作为原料，比如大豆、花生和菜籽等，经过机器的碾压，将散沙一样的植物蛋白挤压成丝状含水量高的植物基蛋白肉半成品。再经过调味和模具的定型后，就能变成与普通肉制品的形状和味道都差不多的植物基蛋白肉了。

植物基蛋白肉制作机器
天然香料
最后，它们经过挤压成型，变成了这样！

消除苦味的蘑菇菌丝

谭爷爷和新叶走到了代糖的展示区，这里放着各种各样的饮料。

新　叶：谭爷爷，这些饮料有什么特别之处吗？看起来和外面卖的是一样的啊！

谭爷爷：你看这个咖啡被分成了两份，一份是加了蘑菇菌丝代糖的，一份是没有添加的，你可以尝一尝它们有什么区别。

新　叶：加了蘑菇菌丝代糖的咖啡明显不苦了，这是为什么呢？

谭爷爷：科学家们将经过筛选的蘑菇菌丝处理后添加到咖啡中，当我们喝咖啡的时候，蘑菇菌丝就能覆盖在我们舌头上感受苦味的地方——苦味反射区，这样持续十几秒，我们就会觉得咖啡变得更甜或没有之前那么苦了。

微观世界的抗菌战士

谭爷爷和新叶来到了天然抗菌剂的展示窗口，新叶对这里十分好奇。

新　叶：谭爷爷，天然抗菌剂也是一种新型食品吗？

谭爷爷：它们是制作新型食品时要用到的原料，食品想要长期保存可离不开这些天然抗菌剂啊！它不仅能在粮食的抗菌方面起作用，对于蔬菜、水果也有很好的抗菌效果。比如苯乳酸，它可以消灭霉菌体内的核酸和蛋白质。另外，苯乳酸还可以通过生物方法进行合成。

新　叶：谭爷爷，我们去微观世界看看吧！

谭爷爷：新叶，“苯家军”正在和“霉头脑”体内的核小怪还有黑战士战斗。不过，我相信“苯家军”一定会取得最终的胜利，保卫好我们的食品！

我们跟着苯乳酸军团继续向前，
它们很快就会取得胜利！
“霉头脑”
（霉菌）
“苯家军”（苯乳酸）
核小怪（核酸）
黑战士（蛋白质）

科普小讲堂

随着生物技术的不断发展，越来越多的新型食品随之出现，深入挖掘新型食品资源、塑造未来食品新格局成为全球各国关注的研究重点。植物基和动物基蛋白肉制品逐渐走进大众视野，它的发展能大大缩小人工饲养面积，降低在饲养过程中二氧化碳的排放，对人类与环境的和谐发展具有重要意义。赤藓糖醇、蘑菇菌丝等代糖的研究也进一步降低了高糖食品带给人们的风险。合成技术在食品天然抗菌剂的研制方面也取得了一定的成绩。

4. 空气变成了食物

文/王　熙　肖开兴　王　丹
图/赵　洋　胡晓露

把空气变成淀粉

一天，谭爷爷带新叶来到了生物研究所，在这里他们将了解到科学家是如何从空气中获取食物的。

新　叶：谭爷爷，听说科学家已经可以在实验室里生产淀粉了，这是真的吗？

谭爷爷：是真的，经过科学家不断的努力研究，不通过植物的光合作用也能在实验室里生产淀粉了。

新　叶：好神奇啊，真想看看淀粉在实验室里是怎么合成的。

谭爷爷：淀粉的合成是一个很复杂的过程，科学家将复杂的反应分成4个步骤，经过一个连续的生物合成反应后，二氧化碳就能变成淀粉。

反应器
C1酶
反应器
C3酶
反应器
C6酶
各种酶分工合作，将结构简单的二氧化碳变成结构复杂的淀粉
反应器
Cn酶
淀粉
新叶，这就是人工合成的淀粉，遇到碘液能变成蓝色。

电流传送带上的甘氨酸

谭爷爷和新叶又来到另一个空间，在这里，各种酶正在有条不紊地合成甘氨酸。

新　叶：谭爷爷，前面那个装置是用来干什么的？

谭爷爷：那是实验里合成甘氨酸的地方。甘氨酸是氨基酸的一种，科学家把空气中的二氧化碳利用起来，先变成甲酸，再通过一系列复杂的反应，就可以把甲酸变成甘氨酸了。

新　叶：我看到装置的周围还闪着“光”，一定是一个很有趣的过程。

谭爷爷：那些“光”是电流，可以为甘氨酸的合成提供推动力，大大提高甘氨酸合成的速度。

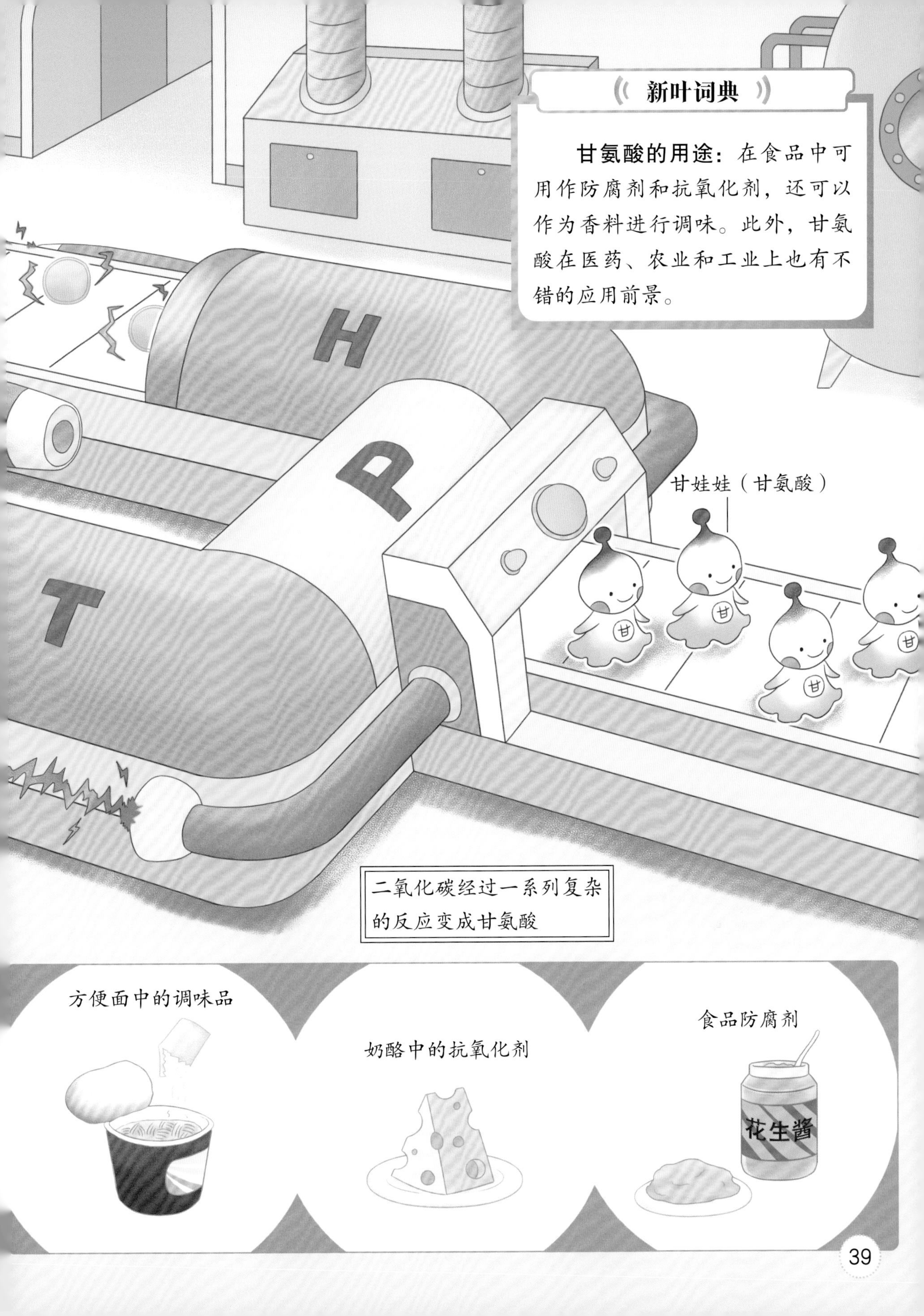
新叶词典
甘氨酸的用途：在食品中可用作防腐剂和抗氧化剂，还可以作为香料进行调味。此外，甘氨酸在医药、农业和工业上也有不错的应用前景。
H
P
T
甘娃娃（甘氨酸）
甘
二氧化碳经过一系列复杂的反应变成甘氨酸
方便面中的调味品
奶酪中的抗氧化剂
食品防腐剂
花生酱

从微生物获取的蛋白质

知道了空气合成氨基酸的奥秘，新叶和谭爷爷又来到合成蛋白质的工厂。

新叶词典

乙醇梭菌：是一种可以利用一氧化碳、二氧化碳等工业废气和氨水为原料生产蛋白质的微生物。由它最终得到的乙醇羧酸蛋白在功能特性、营养价值、加工适宜性上的表现相当优秀。

新　叶：谭爷爷，这么多机器都是用来合成蛋白质的吗？

谭爷爷：是的，经过科研人员的努力，已经可以利用一氧化碳来大规模合成蛋白质了。我们去微观世界看看吧！

新　叶：哇！我看见蛋多多正在吞掉钾、硫、氮，还有一氧化碳。

谭爷爷：是的，蛋多多的学名是乙醇梭菌。这种改良过的微生物可以快速把有害的一氧化碳变成蛋白质。人们可以利用发酵塔里的培养液，将这些蛋白质进一步制作成适合动物吃的蛋白饲料！

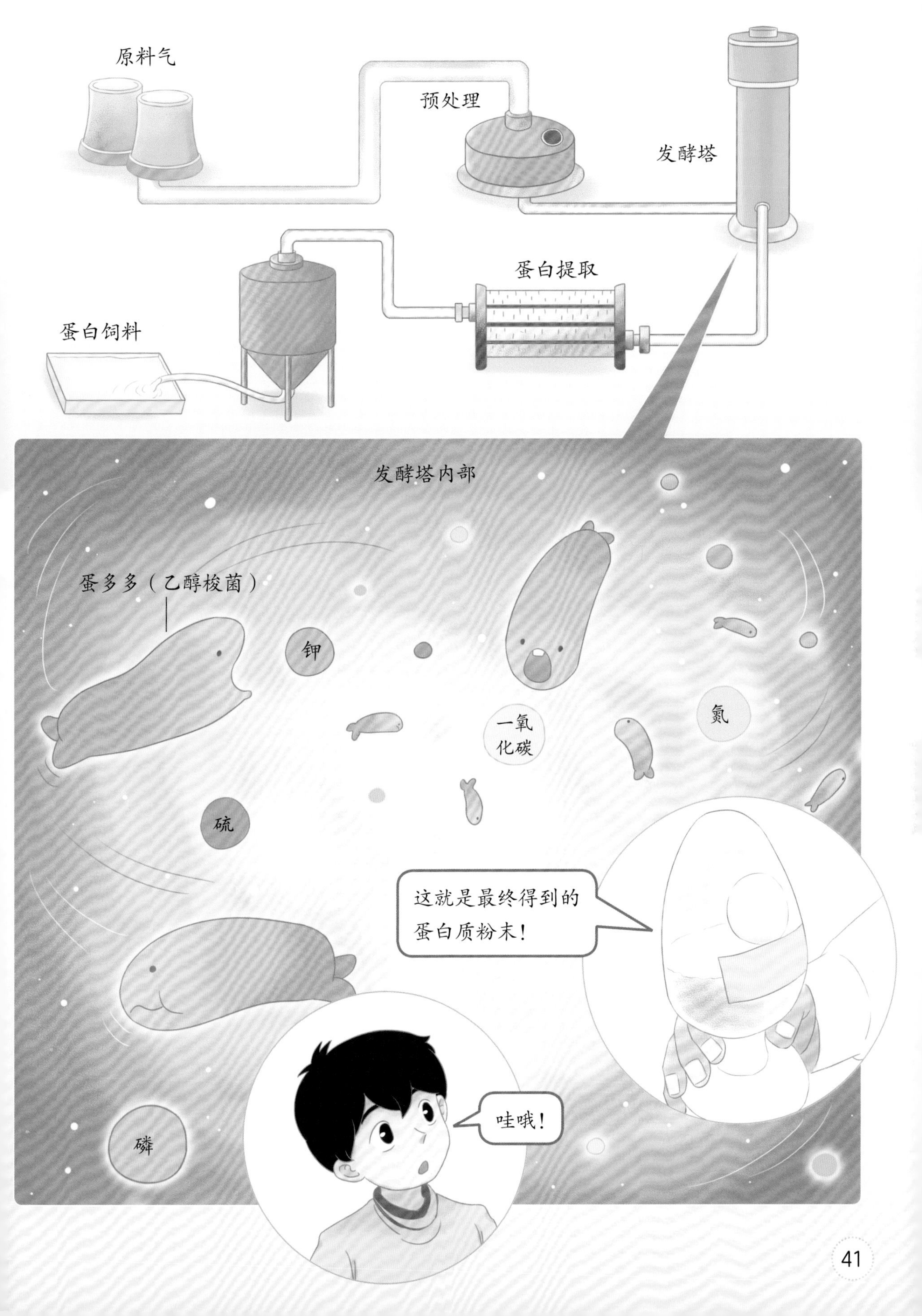
原料气
预处理
发酵塔
蛋白提取
蛋白饲料
发酵塔内部
蛋多多（乙醇梭菌）
钾
氮
一氧化碳
硫
磷
这就是最终得到的蛋白质粉末！
哇哦！

以“醋”易“糖”

紧接着，谭爷爷和新叶来到了合成葡萄糖的地方。

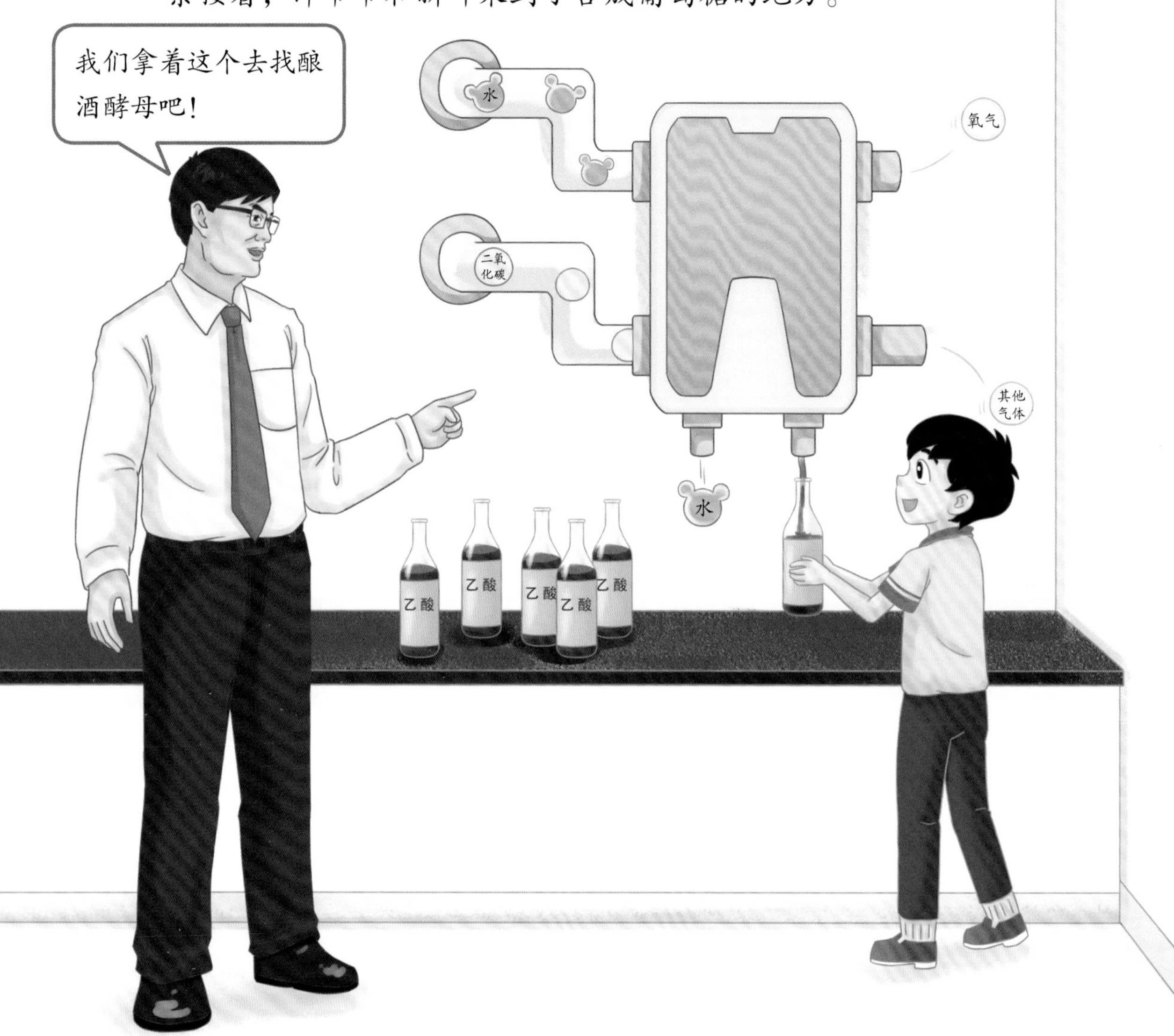

新　叶：谭爷爷，桌上方形的机器是用来合成葡萄糖的吗？

谭爷爷：那个机器能将空气中的二氧化碳变成乙酸（醋的主要成分），我们再把乙酸交给酿酒酵母，就能产生葡萄糖了。

新　叶：那酿酒酵母身上写着 G1、H1、H2 的三个按钮是用来干什么的？

谭爷爷：那是酿酒酵母本身含有的消耗葡萄糖的三种酶的简称，科学家通过基因敲除的办法使它们无法出现，这样我们就能得到更多的葡萄糖了。

新叶词典

基因敲除：一种新的生物技术，通过该技术可以让微生物本身的一些基因失去作用，无法产生相应的酶。

科普小讲堂

在许多生物合成实验中，科学家本着对大自然的敬畏，从自然中获取灵感与知识，利用二氧化碳合成淀粉、氨基酸、蛋白质和葡萄糖等食物原料的实验也不例外。将自然中存在的催化反应进行改良和完善，有助于节能减排。目前，我们吃的食物都离不开大自然，但是随着生物合成技术的发展，这种格局已经在慢慢改变，利用无机物合成有机物便是重要的一步。在生物合成技术的帮助下，未来的生活必将更加丰富多彩。